Dalia Medhat

Exossomas como biomarcadores

Dalia Medhat

Exossomas como biomarcadores

ScienciaScripts

Imprint

Any brand names and product names mentioned in this book are subject to trademark, brand or patent protection and are trademarks or registered trademarks of their respective holders. The use of brand names, product names, common names, trade names, product descriptions etc. even without a particular marking in this work is in no way to be construed to mean that such names may be regarded as unrestricted in respect of trademark and brand protection legislation and could thus be used by anyone.

Cover image: www.ingimage.com

This book is a translation from the original published under ISBN 978-613-8-31902-3.

Publisher:
Sciencia Scripts
is a trademark of
Dodo Books Indian Ocean Ltd. and OmniScriptum S.R.L Publishing group
Str. Armeneasca 28/1, office 1, Chisinau-2012, Republic of Moldova, Europe
Printed at: see last page
ISBN: 978-620-5-33147-7

Introdução

A diversidade de tipos de células dentro do mesmo organismo requer um elevado grau de coordenação mediada por mecanismos moleculares de comunicação intercelular. Os factores solúveis desempenham um papel fundamental neste processo. Os factores solúveis incluem ligandos segregados que podem ligar receptores na membrana plasmática e assim activar cascatas de sinalização nas células alvo.

Foram observadas vesículas extracelulares (EVs) no plasma já há 50 anos e eram referidas como "pó de plaquetas". Desde então, todos os fluidos biológicos e linhas celulares cultivados *in vitro que foram* estudados demonstraram libertar vesículas em diferentes graus. Com base no seu tamanho e mecanismo de libertação, os VE foram classificados em três tipos principais: Exossomas (menos de 150 nm de diâmetro), microvesículas/partículas dispersíveis e corpos apoptóticos (ambos maiores que 100 nm).

Os exossomas são definidos como pequenas vesículas de ligação membranar que são produzidas abundantemente por grandes células tanto em condições normais como patológicas; a sua produção é estimulada por muitos factores, tais como estímulos extracelulares (infecções microbianas e condições de stress). A principal função dos exossomas é remover proteínas supérfluas das células. Desde então descobriu-se que os exosomas desempenham um papel central na comunicação celular e outras funções biológicas.

Estudos recentes destacaram o papel destas vesículas como biomarcadores modernos para o prognóstico, diagnóstico e tratamento do cancro e outras doenças, e consideraram o seu potencial terapêutico para o tratamento.

Exossomas (EXOs) são vesículas extracelulares (EVs) de tamanho minuto (30-120 nm) que têm origem na membrana plasmática e são secretadas por várias células na maioria dos fluidos corporais, tais como urina, plasma, saliva e leite materno. Os exossomas têm uma função fundamental na comunicação celular *através do* transporte do seu conteúdo, tais como proteínas, metabolitos, RNA (mRNA, miRNA, RNA longo não codificador), DNA (mtDNA, ssDNA, dsDNA) e lípidos, mediando assim a comunicação intercelular através da participação no controlo dos estados normal e patológico **(De Toro et al., 2015).**

Biogénese e secreção de exossomas

Os fluidos intracelulares de todos os tipos celulares combinam-se para formar um corpo intracelular chamado endossoma, que tem uma forma tubular e é localizado na parte externa do citoplasma. Quando o endossoma precoce amadurece, promove a formação do endossoma tardio, que é esférico e localizado mais próximo do núcleo; o endossoma tardio é representado pela formação de vesículas intraluminais (VIL) no endossoma, que é chamado de corpo multivesselente (MVB). A formação de ILV começa com um abrolhamento interno da membrana endossómica, que absorve partes do componente citosólico e combina transmembrana e proteínas periféricas numa bolsa de membrana **(van Niel et al., 2006).**

Os MVBs podem ser integrados no lisossoma e o seu conteúdo hidrolisado e degradado **(Simons e Raposo, 2009)** ou fundidos com a membrana plasmática da célula seguida da libertação exocitótica dos seus ILVs no ambiente extracelular chamado exosomas **(van Niel et al., 2006).**

A regulação da secreção exosómica é controlada por uma série de proteínas conhecidas como a família Rab27a, Rab27b, Rab 35 e Rab 11, que estão associadas a

GTPase-proteína activadora. Verificou-se que a família da proteína rabina está - sobreexpressa nas células cancerosas **(Ostrowski et al., 2010).**

Os exossomas são libertados por várias células, tais como células T e B, células dendríticas **(Zech et al., 2012)**, células estaminais mesenquimais **(Lai et al., 2010)**, células epiteliais, astrocitos **(Wang et al., 2012)**, células endoteliais e células tumorais **(Beach et al. et al., 2014)**. Foram também detectados exossomas na maioria dos fluidos corporais, incluindo urina e líquido amniótico **(Keller et al, 2007)**, sangue **(Li et al, 2008)**, soro **(Almqvist et al, 2008)**, saliva **(Gallo et al, 2012)**, ascites **(Runz et al, 2007)**, leite materno **(Admyre et al, 2007)**, líquido cerebrospinal **(Saman et al, 2012)** e secreções nasais **(Qiu et al, 2012)**. Curiosamente, as células tumorais expressam e secretam exosomas numa percentagem elevada em comparação com células normais **(Logozzi et al., 2009)**.

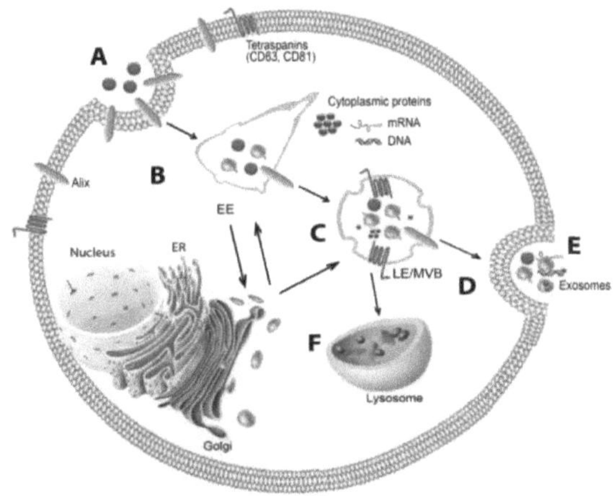

Fig. (1): Biogénese e libertação de exossomas **(Rashed et al., 2017)**

Composição dos exosomas

O conteúdo de exosomas é extremamente diversificado devido ao seu conteúdo proteico, ácido nucleico e lipídico **(Fig. (2))**.

Conteúdo lipídico

Semelhante à membrana plasmática celular, a membrana EXO é constituída por uma membrana lipídica de duas camadas. EXOs consistem em esfingomielina, gangliosides, colesterol, lípidos dessaturados e fosfatidilserina (parte externa), que aceleram a sua incorporação nas células receptoras. Além disso, EXOs secreta enzimas envolvidas no metabolismo lipídico, receptores e moléculas de adesão **(Pocsfalvi et al., 2016)**.

Conteúdo de ARN

Os EXOs são ricos em RNAs pequenos, não codificadores, e além disso, os EXOs compreendem uma gama de tipos de RNA (miRNA, mRNA e tRNA). Estes conteúdos são transmitidos a outras células **(Ramachandran et al., 2012)**.

Conteúdo de ADN

O ADN, que é o ADN genómico original (gDNA) da célula, é transferido para outra célula *via* EXO e influencia o desenvolvimento e comportamento das células receptoras em condições normais e patológicas **(Costa-Silva et al., 2015)**.

Teor de proteínas

O conteúdo proteico dos EXOs é único. As proteínas estão localizadas na membrana ou núcleo hidrofílico de EXOs e reflectem a sua origem e modificação da célula mãe. Estas proteínas incluem tetraspaninas (antigénios CD9, CD63 e CD81), proteínas relacionadas com o endossoma (por exemplo, pequenos GTPases da família Rab, anexinas e flotilina), proteínas envolvidas na biogénese exosómica (por exemplo Alix, Tsg101 e complexo ESCRT), proteínas de choque térmico (Hsp70, Hsp90), moléculas de adesão de células epiteliais (EpCam) e proteínas associadas ao endossoma (por exemplo, pequenos GTPases da família Rab, anexos e flotilina) **(Pocsfalvi et al, 2016)**.

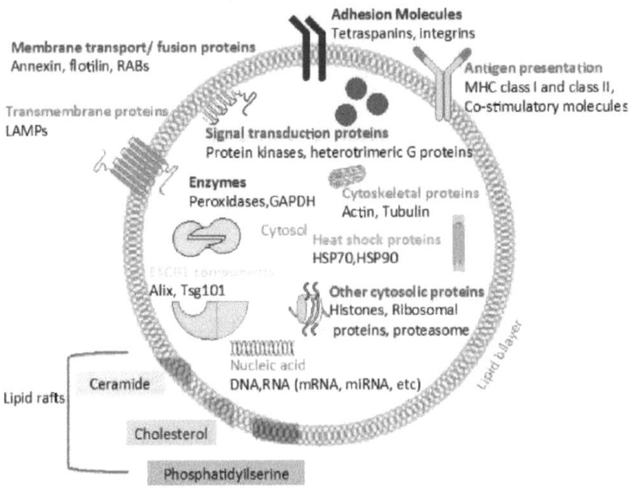

Fig. (2): Composição de um exosoma **(Garcia-Contreras et al., 2017).**

Métodos para o isolamento e detecção de exossomas

As proteínas específicas do exosoma são utilizadas como marcadores no isolamento de EXOs por vários métodos, incluindo a ultracentrifugação, filtração, cromatografia e métodos de precipitação de polímeros **(Raposo e Stoorvogel, 2013). A** quantificação de exosomas é realizada por vários métodos, incluindo a quantificação de proteínas, ELISA, análise de rastreio de nanopartículas, citometria de fluxo e mancha ocidental **(Garcia-Contreras et al., 2017).**

Exosomas: o futuro dos biomarcadores na medicina

A capacidade dos nanovesicles de funcionar como biomarcadores deve-se à acumulação de marcadores altamente seleccionados durante a triagem exosomal. O enriquecimento de marcadores de diagnóstico na fonte exosomal, devido à classificação da carga em exosomas, favorece a descoberta de biomarcadores relativamente subexpressos. Foram identificadas aproximadamente 66 proteínas em exosomas humanos saudáveis em circulação, a maioria das quais estão envolvidas em vias de transporte vesiculosas. Assim, a caracterização de exosomas fornece informação

individualizada sobre pacientes individuais e pode ser crucial para um prognóstico preciso ou diagnóstico diferencial (**Properzi et al., 2013**).
Ácidos nucleicos exosomais como biomarcadores de diagnóstico.

Em 2007, Valadi descobriu que os exosomas contêm RNAs, especialmente miRNAs, como biomarcadores de diagnóstico. Estudos recentes mostraram que os miRNAs exosomais estão protegidos da degradação dependente do RNase-dependente e podem, portanto, ser detectados de forma estável no plasma e soro em circulação, tornando-os biomarcadores "ideais" para aplicações de diagnóstico clínico (**Lin et al., 2016**). O isolamento de EXO é considerado uma nova técnica não invasiva ou biopsia líquida para a detecção precoce do cancro a partir de sobrenadantes ou biofluidos de culturas celulares de doentes (**Munson e Shukla, 2015**) (**Fig. 3**).

A carga EXO é um indicador do estado das células e pode potencialmente ser utilizada para diagnóstico. **Munson e Shukla** (2015) relataram que a carga EXO desempenha um papel em muitas doenças, por exemplo, doenças metabólicas. Além disso, células de pessoas saudáveis e doentes segregam EXO na corrente sanguínea a diferentes níveis, o que permite a detecção e avaliação de EXO como um biomarcador.

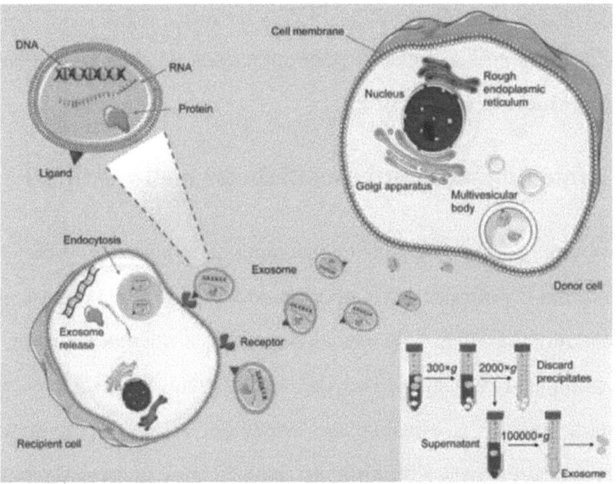

Fig. (3): Exosomas como biomarcadores (**Luan et al., 2017**).

Exossomas de biofluidos como biomarcadores de diagnóstico.

Líquidos corporais que não soro e urina podem servir como fontes alternativas de exosomas de diagnóstico. A saliva humana é considerada uma fonte de centenas de transcrições de mRNA nuclear estável que pode ser utilizada como um recurso potencial para o diagnóstico de doenças **(Palanisamy et al., 2010)**; os exosomas salivares foram relatados como sendo uma fonte potencial de biomarcadores para o cancro pancreático **(Lau et al., 2013)**. **Keller et al. (2007)** isolaram exossomas do líquido amniótico e demonstraram pela primeira vez que os exossomas fetais estão presentes no líquido amniótico, sugerindo que os exossomas do líquido amniótico podem ser uma fonte potencial de biomarcadores no diagnóstico pré-natal precoce.

Além disso, os EXOs diferem dos métodos clássicos para técnicas biomarcadoras pelas seguintes razões: 1) os EXOs são facilmente isolados de fluidos biológicos (sangue ou urina); 2) os EXOs são relativamente estáveis e podem ser armazenados a -80°C durante longos períodos de tempo; 3) têm um ambiente protease/nuclear regulado que aumenta a estabilidade das moléculas; 4) permitem a condensação de moléculas específicas de interesse; e 5) os EXOs são separados por marcadores de superfície celular específicos e análise de proteínas/RNAs de carga específicas. Estas vantagens tornam os EXOs altamente adequados para aplicações de diagnóstico em abordagens clínicas **(Vallabhajosyula et al., 2017)**.

Exossomas como biomarcadores na diabetes mellitus tipo 1 (T1D)

O processo auto-imune de T1D ocorre antes do início da diabetes clínica, e este intervalo assintomático oferece boas oportunidades para a previsão e prevenção da doença. No entanto, há uma falta de biomarcadores adequados para identificar e estratificar a população em alto risco de interferência específica e biomarcadores alternativos para avaliar a eficácia da interferência em T1D. Actualmente, os biomarcadores mais úteis para a previsão do risco T1D são genes de susceptibilidade e auto-anticorpos de ilhotas, tais como IA-2 e insulina. Infelizmente, os auto-anticorpos IA-2 diminuem à medida que a doença progride, e os auto-anticorpos de insulina são difíceis de utilizar após o início da insulinoterapia. Além disso, estes marcadores só são detectados numa fase tardia do processo da doença, o que reduz a sua importância para a previsão precoce **(Sattar, 2012)**.

Cianciaruso et al. (2016) estudaram que as células beta pancreáticas secretam proteínas que são alvos de ataque imunitário. Mas não são apenas as proteínas que causam problemas, mas também a sua embalagem. Esta embalagem toma a forma de pequenas vesículas chamadas exosomas, que também podem activar o sistema imunitário.

Assim que as células produtoras de insulina foram expostas ao stress в, libertaram um excesso de exosomas contendo miRNAs específicos ou proteínas que activam células imunitárias. Estas proteínas altamente inflamatórias estão envolvidas no desencadeamento da auto-imunidade na doença. Recentemente, os resultados mostraram que as células beta pancreáticas de humanos e ratos libertam três proteínas que se pensa estarem associadas à diabetes tipo 1 e que são utilizadas para diagnosticar T1D **(Garcia-Contreras et al., 2017) Fig. (4)**.

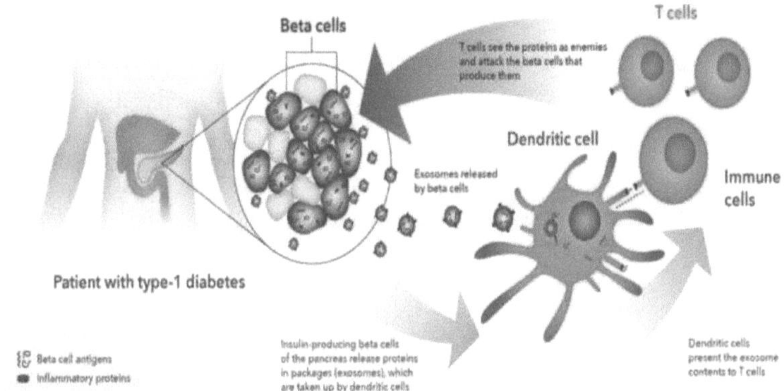

Fig. (4): Exosomas em diabetes mellitus tipo 1 (**Cianciaruso et al., 2016**).

Além disso, os EXOs em T1D são biomarcadores para complicações da diabetes como a nefropatia ou retinopatia (**Lytvyn et al., 2017**). **Vallabhajosyula et al. (2017)** mostraram que os EXOs podem ser de grande utilidade na monitorização de transplantes de ilhotas de uma forma não invasiva.

Exossomas como biomarcadores no cancro

A detecção e diagnóstico precoce do cancro pode ser feita com o teste para antigénios específicos do cancro. No entanto, este teste tem uma baixa especificidade e uma alta taxa de resultados falso-positivos, o que pode levar a um tratamento exagerado de tumores indolentes.

Por conseguinte, são necessários novos marcadores com maior precisão de diagnóstico do cancro.

A presença de exossomas relacionados com o cancro de forma estável numa variedade de fluidos corporais e a sua semelhança com os componentes das células cancerígenas originais com a carga de alterações genéticas e de sinalização fazem deles uma poderosa ferramenta de biopsia líquida para a detecção precoce do cancro **(Hornick et al., 2015).**

Fig. (5): Exosomas como biomarcadores no cancro **(Yang et al., 2016)**

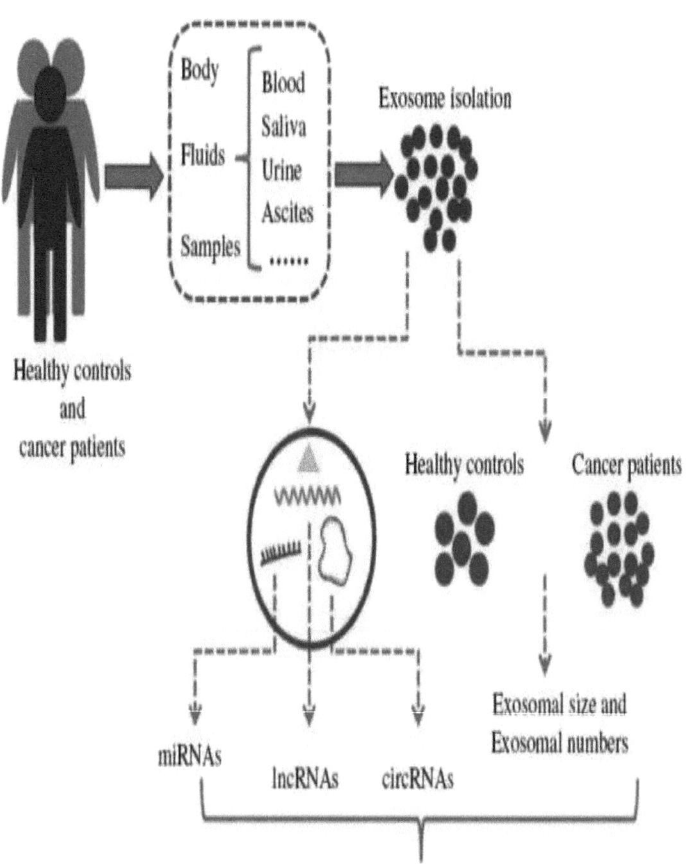

Os exossomas, conhecidos como biópsias líquidas, são preferíveis às biópsias de tecidos, uma vez que são um procedimento de diagnóstico adequado e não invasivo, enquanto que as biópsias de tecidos requerem intervenção cirúrgica. Porções limitadas de biópsias de tecidos não podem fornecer dados genéticos abrangentes de tumores metastáticos primários ou secundários (**Soung et al., 2017**).

Funções biológicas dos exossomas no cancro

Os exossomas estão envolvidos na carcinogénese. Exossomas provenientes de células cancerosas estimulam a transmissão maligna a partir de células normais. Por exemplo, as células cancerosas da mama libertam exossomas na corrente sanguínea e aceleram a transformação maligna das células epiteliais da mama estabilizadas. Além disso, os exossomas podem desencadear uma angiogénese tumoral ao promover a proliferação e a proliferação de células endoteliais (**Melo et al., 2014**).

Os exossomas das células metastáticas do cancro da mama transmitem miR-105 (que é considerado um preditor de metástases em doentes com cancro da mama precoce) para degradar a proteína ZO-1 (proteína de junção apertada), o que leva à destruição das junções apertadas entre as células endoteliais e promove a propagação de células tumorais (**Zhou et al., 2014**) Fig. (6)

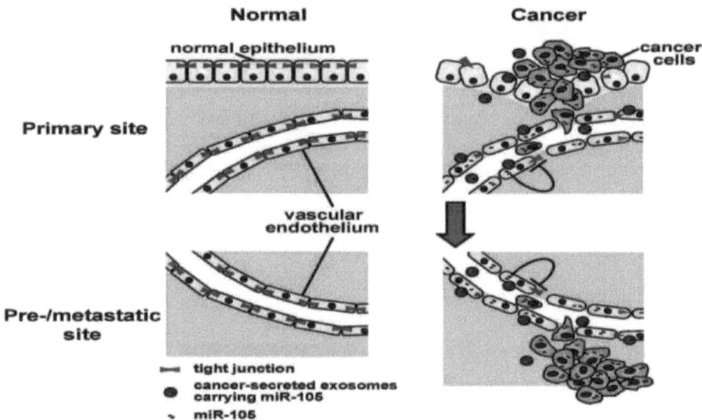

Fig. (6): Exossomas de células tumorais (Zhou et al., 2014).

Yu et al. (2007) relataram que os exosomas promovem a resistência aos medicamentos nas células cancerosas através da transferência de proteínas multirresistentes e miRNAs. Além disso, os exossomas das células tumorais podem exercer funções imunossupressoras induzindo a apoptose das células effector T, prejudicando a função das células NK (células naturais assassinas) e inibindo a maturação e diferenciação das células DC (células dentriticas), aumentando as MDSCs (células supressoras derivadas de mielóide), que desempenham um papel fundamental na supressão da activação das células T e no apoio ao crescimento, proliferação e metástase de tumores, e promovendo a actividade do Treg (célula reguladora T). Além disso, EXos promoveu o crescimento de tumores in *vivo através do* aumento da expressão VEGF e da activação da via de sinalização ERK1/2 (extracellular signal-regulated kinase) nas células tumorais **(Zhu et al., 2012)**.

Os exossomas segregados por células do estroma associadas a tumores levam a um maior desenvolvimento e progressão do cancro. Por exemplo, os fibroblastos associados ao cancro (CAFs) libertam exosomas que promovem a metástase do cancro da mama e aumentam a sua capacidade de invasão. O papel multifuncional dos exosomas em quase todos os aspectos do cancro sugere que podem ser utilizados como biomarcadores tumorais ideais **(Menck et al., 2013).**

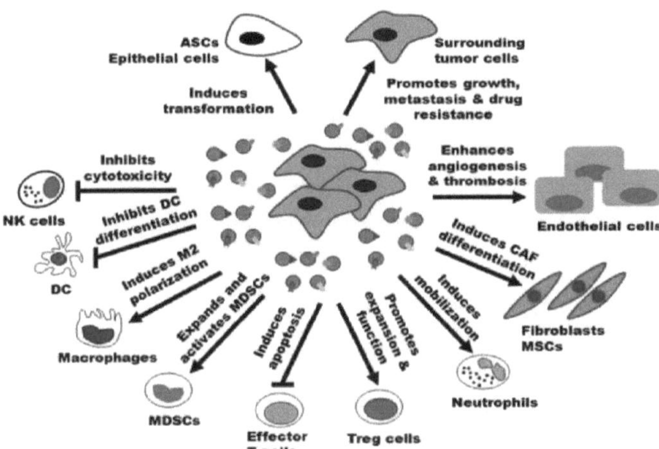

Fig. (7): O papel dos exossomas das células cancerosas (Zhang et al., 2015).

Proteínas exosomais da superfície como biomarcadores do cancro

Análises recentes de exossomas cancerígenos mostraram que a identificação de marcadores exosomais como biópsias líquidas fornece informação importante em cancros de mama, próstata, pancreática, ovariana, colorrectal e glioblastoma **(Moon et al., 2016)**. Por exemplo, proteínas exosomais (CD24 e EpCAM) são encontradas no soro e líquido ascítico e servem como biomarcadores de diagnóstico precoce no cancro da mama. As proteínas exosomais encontradas na urina (PCA-3 e TMPRSS2: ERG) são utilizadas para o diagnóstico e monitorização do cancro da próstata **(Soung et al., 2017)**.

Ácidos nucleicos exosomais como biomarcadores do cancro

Os compartimentos mais abundantes de carga exosomal são os ácidos nucleicos, especialmente espécies de RNA (miRs), mRNA e pequenas partes de ADN de cadeia simples e dupla **(Bullock et al., 2015)**.

Taylor e Gercel-Taylor (2008) relataram que a estabilidade dos ácidos nucleicos exosómicos à degradação dependente de RNase- os torna poderosos biomarcadores para o diagnóstico do cancro. Também descobriram que oito miRNAs (miR-21, miR-141, miR-200a, miR-200c, miR-200b, miR-203, miR-205 e miR-214) são marcadores de diagnóstico conhecidos para o cancro dos ovários.

Mitchell et al. (2008) relataram que o nível de miR-141 circulante em amostras de soro ou plasma é um marcador de diagnóstico robusto para o cancro da próstata. Além disso, **Rupp et al. (2011)** demonstraram que os níveis séricos de miR-141 e miR-375 estão correlacionados com a progressão de tumores no cancro da próstata.

Rabinowits et al. (2009) sugeriram que os exossomas separados dos doentes com cancro do pulmão são adequados como marcadores líquidos de biopsia para o cancro do pulmão.

Takeshita et al (2013) relataram que miR-21 pode ter um papel potencial como marcador de diagnóstico do carcinoma escamoso esofágico (ESCC), com níveis significativamente mais elevados do que nos doentes com doença benigna. Os níveis exosomal miR-21 também se correlacionaram positivamente com a progressão do tumor e a invasividade, confirmando que o exosomal miR-21 pode servir como biomarcador de vigilância e alvo terapêutico. Além disso, o miR-1246 exosomal foi significativamente aumentado no soro de pacientes com ESCC, enquanto que o seu nível não aumentou nas amostras de biopsia tumoral, sugerindo que é um marcador de diagnóstico e prognóstico mais preciso para ESCC. Os níveis de miR-21, miR-141, miR-205 e miR-214 são elevados em soro e são utilizados para diagnóstico e rastreio das fases do cancro da mama. miR-17-5p e miR-21 foram detectados em soro e urina e são considerados marcadores para a detecção precoce do cancro pancreático **(Soung et**

al., 2017).

Devido à sua capacidade de transmitir informação sobre mutações tumorais e à sua identificação como fragmentos de ADN genómico de cadeia dupla a partir de linhas de células cancerosas e pacientes, **Kahlert et al. (2014)** consideraram os DNAs exosomais como marcadores importantes para a previsão de diferentes tipos de cancro. Além disso, a sequenciação genómica detectou mutações KRAS e p53 no ADN genómico de exossomas do cancro do pâncreas, sugerindo a aplicação da sequenciação do ADN exosomal para a previsão da terapia do cancro do pâncreas **(Thakur et al., 2014).**

Exossomas como biomarcadores na doença hepática

O fígado é um meio complicado constituído por diferentes tipos de células, incluindo hepatócitos, células parenquimatosas, células Kupffer, células assassinas naturais, células B, células T e células estreladas. A manutenção do papel prático do fígado requer, portanto, coordenação entre todos os tipos de células. Os exosomas são um dos poderosos mecanismos envolvidos nesta coordenação. Exossomas libertados durante processos patológicos, tais como inflamação e tumourigénese, estão envolvidos na promoção destes percursos. Na cirrose e fibrose hepática, as proteínas exosome-específicas podem alterar a expressão genética nas células endoteliais sinusoidais, estimulando a angiogénese **(Fooladi e Hosseini, 2014).** Exossomas derivados do fígado presentes no sangue e na urina contêm proteínas específicas, mRNAs e miRNAs que representam informação genética hepatocitária. **Gusachenko et al. (2012)** consideraram-nos, portanto, como uma fonte de biomarcadores moleculares para a previsão precoce de doenças hepáticas, tanto não invasivas (urina) como minimamente invasivas (sangue). Os hepatócitos danificados libertam EXO ricos em antigénios específicos, enzimas hepáticas, miRNAs e mRNAs que podem estimular a activação da resposta imunitária inata, melhorar a inflamação hepática e estimular a secreção interleucinosa.

em stress oxidativo e danos difusos nos tecidos. A CD81 é uma proteína de tetraspanina. Partículas de HCV e RNA viral ligam-se a CD81, afectando células normais, levando à propagação da infecção **(Fooladi e Hosseini, 2014)**. **Bala et al (2012)** relataram que miR 155 expresso em exossomas derivados do fígado é segregado em quantidades consideráveis em situações inflamatórias como a doença do fígado alcoólico, enquanto os exossomas enriquecidos com miR-122 são abundantes na infecção pelo HCV e

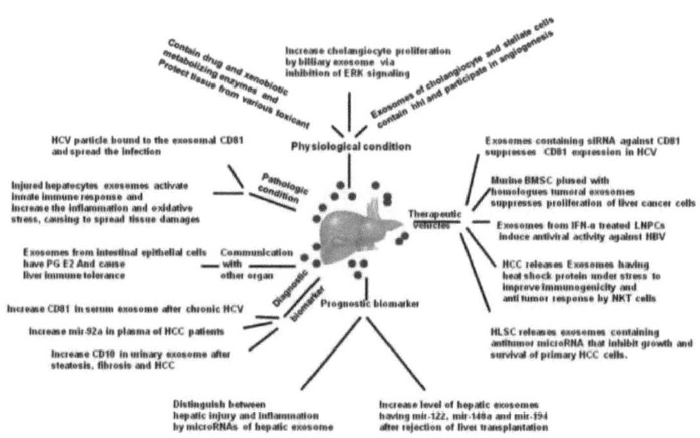

carcinoma hepatocelular **Fig. (8)**. **Fig. (8):** Papel dos exossomas derivados do fígado **(Fooladi e Hosseini, 2014)** **Farid et al. (2012)** relataram que os exossomas derivados do fígado (miR-122, miR-148a e miR-194) foram elevados em doentes com lesão hepática e os seus níveis aumentaram mais cedo do que os níveis de aminotransferase, sugerindo que os exossomas derivados do fígado são biomarcadores mais específicos e precisos da lesão hepática.

Exossomas como potenciais agentes terapêuticos

A comunicação de EXOs entre células tanto a nível local como sistémico levou à hipótese de que estas vesículas possam ser utilizadas como instrumentos terapêuticos para muitas doenças, incluindo cardiomiopatias **(Iaconetti et al., 2016)**, cancro **(Aqil et al., 2016)** e doenças neurodegenerativas **(Kramer-Albers e Hill, 2016)**. Exossomas derivados da medula óssea, células estaminais mesenquimais e outras células, ou exossomas remodelados transportando uma carga específica (drogas, proteínas terapêuticas e outras) podem transportar e entregar a carga à célula alvo **(Andras e Toborek, 2016)**. Uma vez que os níveis de exossomas aumentam principalmente com a gravidade do cancro, um dos conceitos terapêuticos poderia ser reduzir os exossomas circulantes a níveis normais para prevenir os seus efeitos. Deste ponto de vista, grande parte da investigação actual visa modificar a produção de exosomas, quer regulando a sua biogénese e/ou libertação, quer impedindo a sua comunicação com as células-alvo, visando os seus componentes específicos **(Raposo e Stoorvogel, 2013)**.

Inibição da formação de exosomas pela célula produtora

Muitos componentes celulares são cruciais para a biogénese exosómica. Por exemplo, sabe-se que os componentes do complexo de triagem endossómica (ESCRT) necessários para a via de transporte estão envolvidos na biogénese de MVBs e vesículas intraluminais contendo ceramida esfingolipídica ou tetraspaninas através de pequenas moléculas; Portanto, a inibição desta via pela supressão da esfingomielinase (uma enzima que estimula a formação de ceramida a partir da esfingomielina) leva à redução da triagem e produção de exossomas, resultando num crescimento reduzido do tumor **(Colombo et al., 2013)**. A biogénese Exosome é regulada por vias de sinalização específicas desencadeadas por um membro da família Ras homologue A. Portanto, influenciar estas vias de sinalização pode ter um significado terapêutico directo **(Rashed et al. 2017)**.

Supressão da libertação de exosomas da célula produtora

A libertação de exosomas é controlada por uma série de proteínas, incluindo os pequenos GTPases da família Rab (Rab27a e Rab27b). Silenciar Rab27a por interferência de RNA perturba os mecanismos de libertação de exosomas que alteram o microambiente tumoral e impedem a progressão e a invasividade do tumor **(Hendrix and de Wever, 2013)**.

Inibição da absorção de exossomas pela célula alvo

As células tendem a ocupar exosomas através de diferentes vias endocíticas. A redução da absorção de exossomas pela proteinase K ou o bloqueio das proteínas de superfície dos exossomas que actuam como receptores da absorção poderia ser uma técnica eficaz para inibir a absorção de exossomas (Escrevente **et al., 2011**).

Remoção de Exosome

Uma nova estratégia de tratamento do cancro é a eliminação de exosomas circulantes **(Marleau et al., 2012)**.

A supressão da síntese, libertação ou absorção de EXO é, portanto, uma abordagem promissora para o tratamento de doenças.

Exosomas como dispositivos de entrega de medicamentos

Os exossomas derivados de tumores, especialmente os miRNAs exosomais, são alterados em todos os tumores e podem servir como marcadores para a caracterização de tumores e como vectores terapêuticos. Espécies de RNA tais como pequenos RNAs interferentes (siRNAs) poderiam ser usadas como ferramentas terapêuticas para a eliminação de genes, mas infelizmente estas moléculas são instáveis. EXOs são considerados um novo instrumento para a entrega de siRNAs, miRNAs e mRNAs. Consequentemente, os EXOs são uma abordagem promissora como instrumentos de distribuição de medicamentos, uma vez que são biocompatíveis, estáveis na circulação e podem visar tipos de células específicas **(Johnsen et al., 2016)**.

O bico lipídico, principal componente do EXO, e o seu núcleo aquoso podem acomodar drogas hidrófobas (A) ou compostos hidrofílicos (B). (C) Os exossomas podem ser utilizados para transportar ADN, ARN e proteínas. (D) Sondas terapêuticas ou de imagem, ligandos de alvo específico e ligações covalentes podem ser ligados à superfície de exossomas **(Luan et al., 2017) (Fig. 9)**.

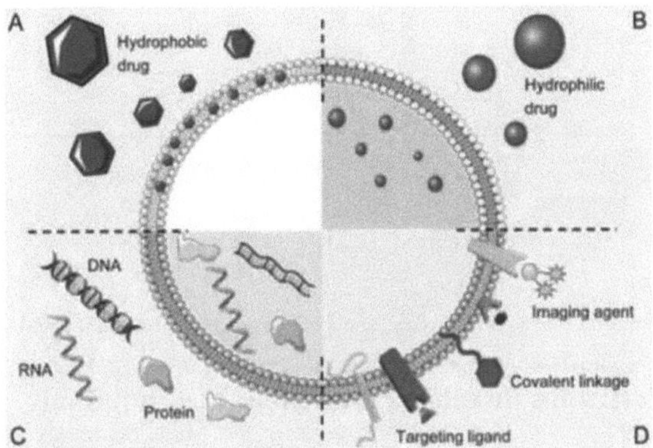

Fig. (9): Tipos de sistemas de administração de medicamentos exosomais **(Luan et al., 2017)**.

Os EXOs podem ser carregados com uma carga terapêutica, por exemplo, espécies de RNA para silenciamento genético em células cancerosas, por **(a) um** método exógeno em que os EXOs de interesse são removidos de uma cultura celular apropriada e incubados com uma molécula terapêutica específica, ou **(b) um** método endógeno em que os EXOs são separados das células que secretam a molécula necessária. **(Munson e Shukla, 2015) Fig. (10)**.

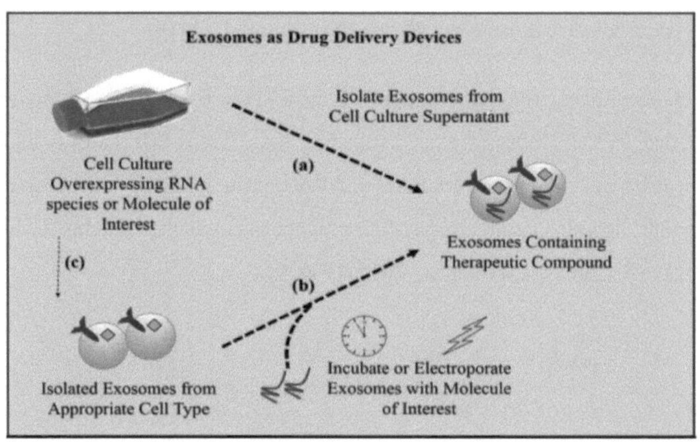

Fig. (10): Carregamento de exosomas com carga terapêutica (**Munson e Shukla, 2015).**

Exossomas derivados de células estaminais mesenquimais

As células estaminais mesenquimais (MSCs) são células multipotentes caracterizadas pela sua capacidade de auto-renovação e diferenciação. Recentemente, descobriu-se que o potencial regenerativo dos MSC não se deve apenas à sua capacidade de diferenciação, mas também à sua actividade parácrina, que se baseia na secreção de segredos **(Bagher et al. 2016) (Fig. 11).**

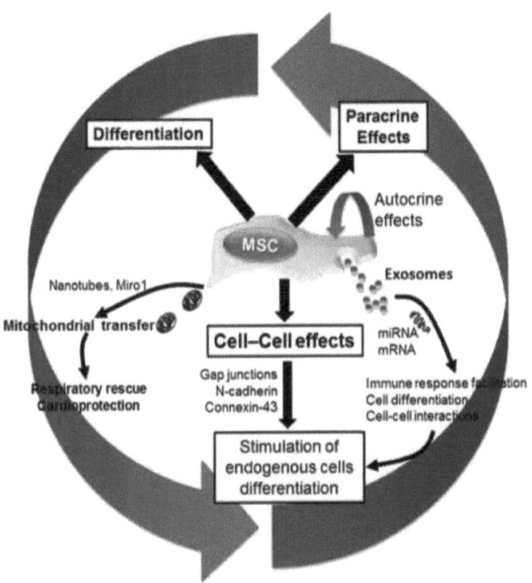

Fig. (11): Mecanismos de acção das células estaminais mesenquimais (**Karantalis e Hare, 2015**).

Basu e Ludlow (2016) salientaram que a produção de exossomas pelos MSC é imensa em comparação com outros tipos de células e que as propriedades regenerativas das células estaminais são mediadas pelos exossomas secretados.

Fierabracci et al. (2015) demonstraram que os exossomas derivados de células estaminais mesenquimais (MSC DEs) melhoram a reparação dos tecidos danificados e estão também envolvidos na alteração das respostas imunitárias através da diferenciação, sinalização parácrina e várias moléculas secretadas, tais como microvesículas. A expressão de factores tróficos permitiu às EC MSC participar em várias actividades celulares **(Hannafon e Ding, 2013).** Por conseguinte, os EC MSC oferecem uma nova ferramenta para a terapia sem células.

Mecanismo de acção dos exossomas derivados de células estaminais mesenquimais

DE MSCs motivam alterações fenotípicas nas células receptoras através da troca genética, ligando as células estaminais a tecidos residentes tanto em ambientes normais como patológicos **(Fátima e Nawaz, 2015) Fig. (12)**

MicroRNAs são pequenos RNAs não codificadores (~18-24 nucleotídeos) que controlam a proliferação, diferenciação, desenvolvimento e morte celular. EXO são ricos em microRNAs envolvidos em funções celulares tais como homeostasia e hemopoiese de tecidos. Vários miRNAs em MSC- DEs adultos, incluindo miR-191, miR-222 e miR-21, regulam a proliferação celular, miR-222 e miR-21 induzem a angiogénese e miR-6087 promove a diferenciação celular endotelial **(Merino-Gonzalez et al., 2016)**.

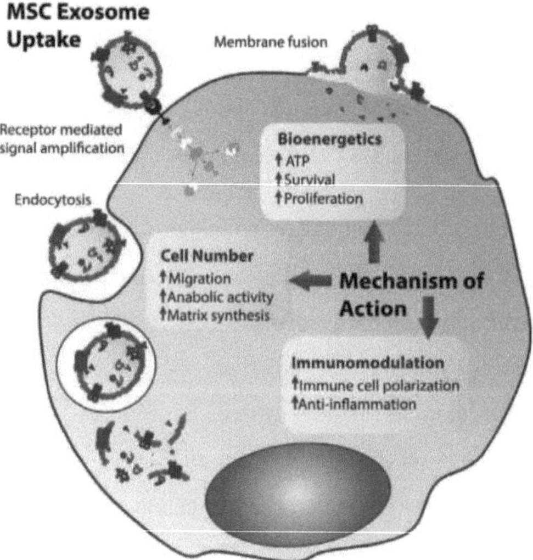

Fig. (12): Mecanismo de acção dos exosomas derivados de células estaminais **(Fátima e Nawaz, 2015)**.

Efeito anti-apoptótico dos exossomas MSC e regeneração dos tecidos

Os DE MSCs secretam miRNAs anti-apoptóticos em tecidos danificados, contribuindo para a sobrevivência celular através da supressão da transcrição de genes apoptóticos, inibindo a expressão Bax, reduzindo a clivagem caspase-3 e activando a expressão Bcl-2 **(Lin et al., 2014).**

DE MSCs em inibição de tumores

O papel mais benéfico dos EXOs é a sua perspectiva no tratamento do cancro. Exossomas de MSCs de medula óssea regulam negativamente o ciclo celular e exercem efeitos inibidores no crescimento do tumor. Também transferem os miRNAs supressores VEGF da medula óssea para suportar a quiescência no cancro da mama metastásico. A inibição do crescimento do hepatoma através da administração exosome-mediada de miRNAs supressor selectivo de tumores a partir de células estaminais do fígado humano ou a administração de paclitaxel para inibir o crescimento do tumor sugere que os exosomas derivados de células estaminais têm a capacidade de administrar medicamentos às células tumorais **(Kim et al., 2016).** A administração exosome-mediada de miRNAs supressores de tumores e o direccionamento de vias reguladoras de crescimento e angiogénicas, tais como vias de sinalização VEGF e cinase, podem ser estratégias inovadoras para monitorizar o crescimento de tumores **(Fig. 13).** Por exemplo, o forte eixo de sinalização miR-140/SOX2/SOX9, que regula a diferenciação, a formação de células estaminais e a migração, poderia ser direccionado para evitar a progressão de tumores. Da mesma forma, os exossomas dos CEM poderiam inibir o crescimento de células cancerosas da bexiga através da desregulação da fosforilação Akt kinase, enquanto os exossomas que visam o factor de crescimento endotelial vascular (VEGF) poderiam ser uma nova estratégia para inibir o crescimento de tumores através da inibição da angiogénese **(Fátima e Nawaz, 2015). Lee et al. (2013)** sugeriram que os MSC-DEs podem visar miRNAs *(miR-16)* inibem a progressão do tumor e a angiogénese, suprimindo a expressão VEGF nas células tumorais.

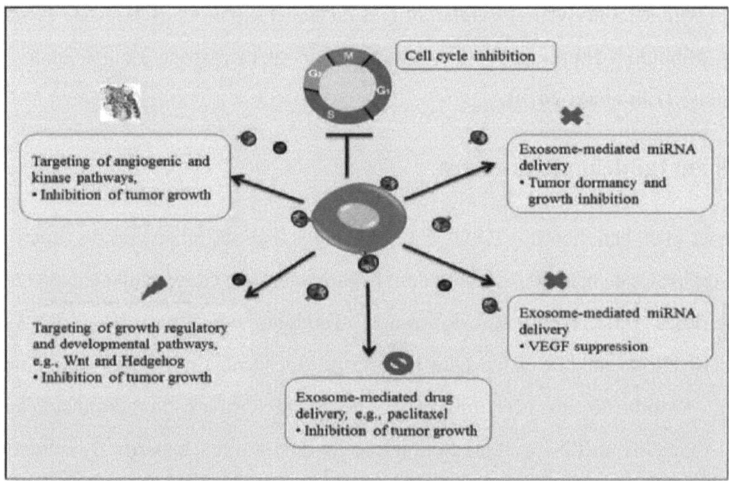

Fig. (13): Exossomas derivados de células estaminais e inibição de tumores **(Fátima e Nawaz, 2015).**

Efeitos terapêuticos dos exossomas derivados do MSC

Durante a recuperação, reparação e regeneração do tecido danificado, os MSC-DE desempenham um papel fundamental no controlo da homeostase do tecido **(Lai et al., 2015).**

Peired et al. (2015) descobriram que os MSC-DE protegem o rim da isquemia e da lesão de reperfusão, reduzindo as respostas inflamatórias e a apoptose em ratos. Além disso, aumentam a proliferação de células epiteliais renais *in vitro*. Na lesão renal aguda (LRA), o tratamento com MSC- DEs induziu stress oxidativo, fibrose, supressão de citocinas pró-inflamatórias e aumento de citocinas anti-inflamatórias. Redução induzida por AKI na invasão de macrófagos e linfócitos **(Lin et al., 2016) Fig. (14).** Nas doenças cardiovasculares, os MSC-DE mostram propriedades terapêuticas e protectoras estimulando a proliferação, suprimindo a apoptose, os efeitos anti-inflamatórios e activando a angiogénese, que protege o tecido cardíaco de danos isquémicos através de efeitos promotores de angiogénese **(Huang et al.), 2015)**, também amenizam o stress oxidativo activando a via PI3K/Akt, levando a um aumento dos níveis de ATP, reduzindo assim o stress oxidativo e melhorando a viabilidade miocárdica e a função cardíaca; além disso, os MSC-Des podem contrariar a remodelação cardíaca, a regeneração cardíaca, a neovascularização e a remodelação antivascular **(Gallina et al, 2015). Além disso, Li et al (2013)** relataram que os MSC-DEs reduziram a isquemia/reperfusão miocárdica (MI/R) nos modelos de rato **(Fig. (14))**. Os MSC-DE têm um efeito benéfico na lesão hepática aguda e na insuficiência hepática. Os MSC-DE melhoraram a função hepática em todos os modelos, provocando efeitos anti-apoptóticos e reduzindo as respostas pró-inflamatórias, incluindo a invasão de células imunitárias e o stress oxidativo **(Chen et al., 2017) Fig. (14). Rager et al. (2016)** confirmaram que BM-MSC- DEs afectam positivamente o intestino contra a enterocolite necrotizante (NEC) em modelos experimentais de rato. MSC- DEs (ex. miR-494) com o efeito de citocinas expressas por exosomas aceleram a renovação muscular ao apoiar a miogénese e a angiogénese **(Nakamura et al., 2015). Xin et al. (2013)** mostraram que a infusão intravenosa de MSC- DEs após AVC melhorou a neurogénese, a remodelação de neurite e a angiogénese. Ao contrário de vários medicamentos, os MSC- DEs podem atravessar a barreira hemato-encefálica e promover a neurogenese, a remodelação de neurite e a angiogénese após infusão intravenosa **(Jarmalaviciute e Pivoriunas, 2016)**. Numerosos estudos confirmaram os seus efeitos neuroprotectores e a estimulação do desenvolvimento axonal. Assim

O MSC-De oferece uma nova estratégia para o tratamento de doenças neurodegenerativas (**Zhang et al., 2016**).

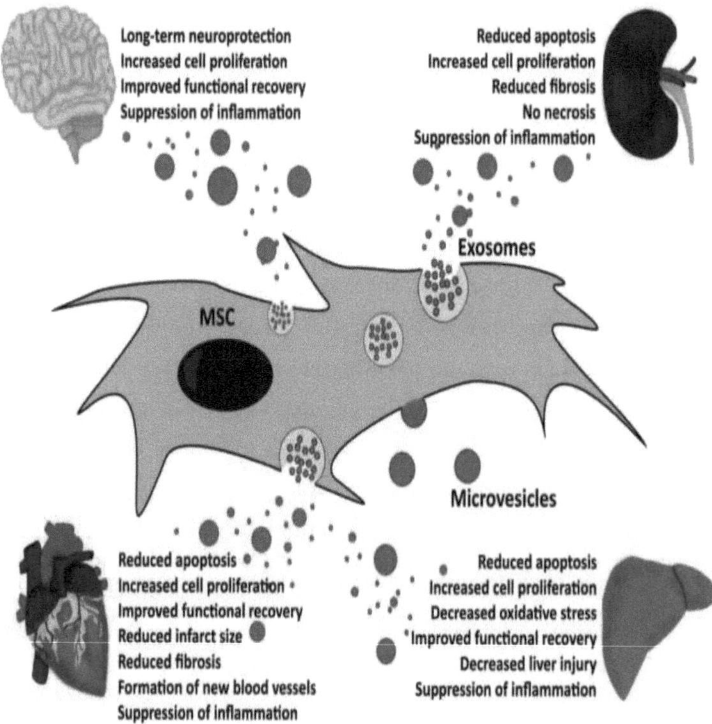

Fig. (14): MSC- DEs-mediated therapeutic applications in kidney, heart, liver and brain injury (**Borger etal., 2017**).

Experiência egípcia

1- El-Halawany MS, Ismail HM, Zeeneldin AA, Elfiky A, Tantawy M, Kobaisi MH, Hamed I e Abdel Wahab AA. (2015): Investigação dos padrões de expressão do miRNA de pacientes com carcinoma hepatocelular avançado antes do tratamento, em relação à resposta ao tratamento TACE. BioMed Research International. (2015), Artigo ID 649750, 12 pp.

2- MotawiTK. , Olfat G. S, El-MaraghySA. Senousy MA.(2015):Soro MicroRNAs como potenciais biomarcadores para a detecção precoce do carcinoma hepatocelular relacionado com o vírus da hepatite C em   pacientes   egípcios. PLOS UM.
https://doi.org/10.1371/journal.pone.0137706.

3- Motawi TM, Sadika NEAR, Agitador OG, El Masry MR, Mohareb F. (2016): Investigação do microRNA-21/221 como potenciais biomarcadores do cancro da mama em mulheres egípcias. Gen. 590 (2); 210:219.

Referências

Admyre C., Johansson S.M., Qazi K.R., Filen J.J., Lahesmaa R., Norman M., Neve E.P., Scheynius A., Gabrielsson S. (2007): Exossomas com propriedades imunomoduladoras estão presentes no leite materno humano. J Immunol. 179,1969:1978.

Almqvist N., Lonnqvist A., Hultkrantz S., Rask C., Telemo E. (2008): Os exossomas derivados do soro de ratos alimentados com antigénios impedem a sensibilização alérgica num modelo de asma alérgica. Imunologia. 125:21-27.

Andras I. E., Toborek M. (2016): Vesículas extracelulares da barreira hemato-encefálica. Tiss. Barreiras, 4:e1131804.

Aqil F., Kausar H., Agrawal A., Jeyabalan J., Kyakulaga A. H., Munagala R. (2016): A formulação exosomal melhora o efeito terapêutico do Celestrol no cancro do pulmão. Exp. Mol. Pathol. 101, 12:21.

Bagher Z., Azami M., Ebrahimi-Barough S., Mirzadeh H., Solouk A., Soleimani M., et al. (2016): Diferenciação de células estaminais mesenquimais derivadas de gelatina da Wharton em células motoras semelhantes a neurónios em nanofibras tridimensionais fabricadas com colagénio. *Mol. Neurobiol.* 53, 2397:2408.

Bala S., Petrasek J., Mundkur S., Catalano D., Levin I., Ward J., et al. (2012): Os microRNAs circulantes em exosomas indicam danos hepatocitários e inflamação em doenças do fígado alcoólicas, induzidas por drogas e inflamatórias. Hepatologia. 56(5):1946-57.

Basu J. , Ludlow J.W. (2016): Exosomas para reparação, regeneração e rejuvenescimento. Opinião de peritos Biol Ther. 16(4),489:506.

Cordão A., Zhang H., Ratajczak M.Z. e Kakar S. S. (2014): Exossomas: uma revisão da biogénese, composição e papel no cancro dos ovários. Journal of Ovarian Research. 7:14.

Strand A., Zhang H.G., Ratajczak M.Z. e Kakar S. S. (2014): Exossomas: uma revisão da biogénese, composição e papel no cancro dos ovários. Journal of Ovarian Research. 7(14); 8:10.

Borger V. Bremer M., Ferrer-Tur R., Gockeln L., Stambouli O., Becic A. e Giebel B. (2017): Vesículas extracelulares de células estaminais mesenquimais e estromais e o seu potencial como nova terapêutica imunomoduladora. Int. J. Mol. Sci. 18(7); 1450.

Bullock M.D., Silva A.M., Kanlikilicer-Unaldi P., Filant J., Rashed M.H., Sood A.K., Lopez-Berestein G., Calin G.A. (2015): RNAs exosomal não codificantes: aplicações diagnósticas, prognósticas e terapêuticas no cancro. RNA.1 não codificante; 53:68.

Chen L., Xiang B., Wang X., Xiang C. (2017): Exossomas derivados de células estaminais do sangue menstrual humano amelioram a insuficiência hepática fulminante. Res. de células estaminais Ther. 8, 9:13.

Cianciaruso C., Phelps E.A., Pasquier M., Hamelin R., Demurtas D., Ahmed M.A., Piemonti L., Hirosue S., Swartz M.A., De Palma M., Hubbell J.A., Baekkeskov S. (2016) : As células beta primárias humanas e de rato libertam autoantigénios intracelulares GAD65, IA-2 e proinsulina, juntamente com os melhoradores da imunidade induzida pela citocina nos exosomas. Diabetes. 66(2):460:473.

Colombo M., Moita C., van Niel G., Kowal J., Vigneron J., Benaroch P., Manel N., Moita L.F.. , Thery C., Raposo G. (2013): A análise das funções de escrt na biogénese exosómica, composição e secreção realça a heterogeneidade das vesículas extracelulares. J. Cell Sci. 126: 5553-5565.

Costa-Silva B., Aiello N.M., Ocean A.J., Singh S., Zhang H., Thakur B.K., Becker A., Hoshino A., Mark M.T., Molina H., Xiang J., Zhang T., Theilen T.M., Garda-Santos G., Williams C., Ararso Y., Huang Y., Rodrigues G., Shen T.L.. A., Labori K.J., Lothe I.M., Kure E.H. Hernandez J., Douss ot A., Ebb esen S.H., Grandgenett P.M., Hollingsw M.A., Jain M., Mallya K., Batra S.K., Jarnagin W.R., Schwartz R.E. , Matei I., Peinado H., Stanger B.Z., Bromb J., Lyden D. (2015): Os exossomas do cancro pancreático iniciam a formação de nichos pré-metastáticos no fígado. Nat Cell Biol; 17: 816-826.

De Toro, J.; Herschlik, L.; Waldner, C.; Mongini, C. (2015): O papel emergente dos exosomas em condições normais e patológicas: Novos conhecimentos para diagnóstico e aplicações terapêuticas. Frente. Imunol. 4;6:203.

Escrevente C., Keller S., Altevogt P., Costa J. (2011): Interacção e absorção de exossomas pelas células cancerosas dos ovários. BMC Cancer.8;11:108.

Farid W.R., Pan Q., van der Meer A.J., de Ruiter P.E., Ramakrishnaiah V., de Jonge J. (2012): MicroRNAs derivados de hepatócitos como biomarcadores séricos de danos e rejeição hepática após transplante de fígado. Liver Transpl. 18; 290-297.

Fátima F., Nawaz M. (2015). Exossomas derivados de células estaminais: papel na remodelação do estroma, progressão de tumores e imunoterapia do cancro. Queixo. J. Cancro. 34; 541-553.

Fierabracci A., Del Fattore A., Luciano R., Muraca M., Teti A., Muraca M. (2015): Avanços recentes na imunomodulação com células estaminais mesenquimais: O papel dos microvesiculos. *Transplante de células*; 24(2):133-49.

Fooladi A.A.I. e Hosseini H.M. (2014): Funções biológicas dos exossomas no fígado na saúde e na doença. Hepat Mon. 14(5): e13514.

Gallina C., Turinetto V., Giachino C. (2015): Um novo paradigma na regeneração cardíaca: o segredo da célula estaminal mesenquimatosa. *Stem Cells Int*: Artigo ID 765846, 1:10.

Gallo A., Tandon M., Alevizos I., Illei G.G. (2012): A maioria dos microRNAs detectáveis em soro e saliva estão concentrados em exosomas. PLoS Um. 7(3):e30679.

Garcia-contreras M. Brooks R.W., Boccuzzi L., Robbins P.D., Ricordi C. (2017): Revista Europeia de Ciências Médicas e Farmacológicas. 21; 2940:2956.

Gusachenko O.N., Zenkova M.A., Vlassov V.V. (2013): Ácidos nucleicos em exossomas: marcadores de doenças e moléculas de comunicação intercelular. Biochem. Biokhimiia.78;1:7.

Hannafon B.N., Ding W.Q.. (2013): Comunicação intercelular através de microroides derivados do exosoma no cancro. Int J Mol Sci.14(7); 14240:69.

Hendrix A. e De Wever O. (2013): Rab27 GTPases distribuem nanomáquinas extracelulares para o crescimento invasivo e metástases: implicações para o prognóstico e tratamento. Int J Mol Sci. 14(5); 9883:9892.

Hornick, N.I.; Huan, J.; Doron, B.; Goloviznina, N.A.; Lapidus, J.; Chang, B.H.; Kurre, P. (2015): MicroRNAs séricos exosomais como um biomarcador precoce minimamente invasivo da LMA. Rep. Sci 12; 5:11295.

Iaconetti C., Sorrentino S., De Rosa S., Indolfi C. (2016): Exosomal miRNAs em. Doenças cardíacas. Fisiologia (Bethesda). 31; 16-24.

Jarmalaviciute A., Pivoriunas A. (2016): Exosomas como potenciais novos agentes terapêuticos contra doenças neurodegenerativas. Pharmacol Res. 113(Pt B); 816:822.

Johnsen K.B., Gudbergsson J.M., Skov M.N., Christiansen G., Gurevich L., Moos T., et al. (2016): Avaliação dos efeitos adversos induzidos pela electroporação nos exossomas das células estaminais derivadas de adipos. Cytotech. 68; 2125: 38.

Kahlert C. , Melo S.A. , Protopopov A. Tang J., Tang J. Seth S. Koch M. , Zhang J. Weitz J. , Chin L. Futreal A. Kalluri R. (2014): Identificação de ADN genómico de cadeia dupla abrangendo todos os cromossomas com ADN KRAS mutante e ADN p53 em exossomas séricos de doentes com cancro do pâncreas. J Biol Chem. 14; 289(7):3869-75.

Karantalis V. e Hare J.M. (2015): Utilização de células estaminais mesenquimais para terapia de doenças cardíacas.Circulation Research.116;1413:1430.

Keller S., Rupp C., Stoeck A., Runz S., Fogel M., Lugert S., Hager H.D., Abdel- Bakky M.S., Gutwein P., Altevogt P. (2007): O CD24 é um marcador para exosomas derramados na urina e líquido amniótico. Int. Rim 72;1095:1102.

Kim M.S. , Haney M.J. Zhao Y. , Mahajan V. Deygen I. Klyachko N.L., Klyachko N.L. Inskoe E. , Piroyan A. Sokolsky M., Sokolsky M. Okolie O. Hingtgen S.D., Hingtgen S.D. , Kabanov A.V. Batrakova E.V. (2016): Desenvolvimento de paclitaxel encapsulado em exosomas para superar a MDR nas células cancerosas. Nanomedicina.12(3);655: 664.

Kramer-Albers E. M., Hill A. F. (2016): Vesículas extra-celulares: transportadores internos de mensagens complexas. Moeda. Opinião. Neurobiol. 39; 101:107.

Lai R.C., Arslan F., Lee M.M., Sze N.S., Choo A., Chen T.S., Salto-Tellez M., Timmers L., Lee C.N., El Oakley R.M., Pasterkamp G., de Kleijn D.P.,

Lim S.K. (2010): Os exossomas segregados pelos MSC reduzem a isquemia/reperfusão do miocárdio. Res. 4 de células estaminais; 214:222.

Lau C., Kim Y., Chia D. (2013): O papel dos exosomas do cancro pancreático no desenvolvimento de biomarcadores salivares. *A Revista de Química Biológica*. 288(37); 26888:26897.

Lee J.K., Park S.R., Jung B.K., Jeon Y.K., Lee Y.S., Kim M.K. et al. (2013): Os exossomas derivados de células estaminais mesenquimais suprimem a angiogénese através da desregulação da expressão Vegf nas células cancerosas da mama. PLoS One.8(12); e84256.

Li Q.L, Bu N., Yu Y.C., Hua W., Xin X.Y.. (2008): Experiências in vivo com os exossomas derivados de ascites do cancro dos ovários humanos apresentados por células dendríticas do sangue do cordão umbilical para imunoterapia. Clin Med Onco. 2; 461-467.

Li T., Yan Y., Wang B., Qian H., Zhang X., Shen L. et al. (2013): O cordão umbilical humano derivado de células estaminais mesenquimais exosomas amelioram a fibrose hepática. Stem Cells Dev.22(6); 845:54.

Lin K.C.; Yip, H.K.; Shao, P.L.; Wu, S.C.; Chen, K.H.; Chen, Y.T.; Yang, C.C.; Sun, C.K.; Kao, G.S.; Chen, S.Y.; et al. (2016): Combinação de células estaminais mesenquimais derivadas de adiposidade (ADMSCs) e exossomas derivados de ADMSC para proteger os rins de lesões agudas de isquemia-reperfusão. Int. J. Cardiol. 216; 173-185.

Lin S.S., Zhu B., Guo Z.K., Huang G.Z., Wang Z., Chen J., et al. (2014): Microvesículas derivadas de células estaminais mesenquimais da medula óssea protegem as células do feocromocitoma de rato PC12 dos danos induzidos pelo glutamato através de uma via PI3K/Akt-dependent. Neurochem Res. 39(5); 922:31.

Logozzi M., De Milito A., Lugini L., Borghi M., Calabro L., Spada M., Perdicchio M., Marino M.L., Federici C., Iessi E., Brambilla D., Venturi G., Lozupone F., Santinami M., Huber V., Maio M., Rivoltini L., Fais S. (2009): Níveis elevados de exossomas expressando CD63 e caveolin-1 no plasma de doentes com melanoma. PLoS Um. 4:e5219.

Luan X, Sansanaphongpricha K, Myers I, Chen H, Yuan H e Sun D (2017): Desenvolvimento de exosomas como nanoplataformas biológicas refinadas para o fornecimento de medicamentos. Acta Pharmacol Sin. 38(6): 754-763.

Lytvyn Y., Xiao F., Kenn C.R., Perkins B.A., Reich H.N., Scholey J.W., Cherney D.Z., Burger D. (2017): Avaliação de micropartículas urinárias em doentes normotensos com diabetes tipo 1. Diabetologia. 60; 581:584.

Marleau A.M. Chen C.S. , Joyce J.A. Tullis R.H. (2012): Remoção de exossomas como instrumento terapêutico no cancro. J Transl Med. 27;10:134.

Masyuk A. I., Masyuk T. V. e LaRusso N. F. (2013): Exossomas na patogénese, diagnóstico e terapia de doenças hepáticas. J Hepatol. 59(3); 10.1016.

Melo S.A., Sugimoto H., O'Connell J.T., Kato N., Villanueva A., Vidal A., et al.(2014): Tumour exosomes executam microRNAs independentes de células biogénese e promover o desenvolvimento de tumores. Célula cancerígena. 26; 707:21.

Menck K., Klemm F., Gross J.C., Pukrop T., Wenzel D., Binder C. (2013): A indução e transporte de Wnt5a durante a invasão maligna induzida por macrófagos é mediada por dois tipos de vesículas extracelulares. Oncotarget. 4;2057-66.

Merino-Gonzalez C., Zuniga F.A., Escudero C., Ormazabal V., Reyes C., Nova-. Lamperti E. et al. (2016): As vesículas extracelulares derivadas de células estaminais mesenquimais promovem a angiogénese: potencial aplicação clínica. Fisiol frontal. 7; 24.

Mitchell P.S., Parkin R.K., Kroh E.M., Fritz B.R., Wyman S.K., Pogosova-Agadjanyan E.L., Peterson A., Noteboom J., O'Briant K.C., Allen A. (2008): MicroRNAs circulantes como marcadores estáveis no sangue para o diagnóstico do cancro. Proc. Natl. Acad. Sci. USA. 105; 10513:10518.

Moon P.G., Lee J.E., Cho Y.E., Lee S.J., Jung J.H., Chae Y.S., Bae H.I., Kim Y. B., Kim I.S., Park H.Y.. (2016): Identificação do locus-1 endotelial de desenvolvimento em vesículas extracelulares circulantes como um novo biomarcador para a detecção precoce do cancro da mama. Clin. Cancer Res.22;1757:1766.

Munson P. e Shukla A. (2015): Hexossomas: Potencial no diagnóstico e terapêutica do cancro. *Drogas. 2*; 310-327.

Nakamura Y., Miyaki S., Ishitobi H., Matsuyama S., Nakasa T., Kamei N. et al. (2015): Exossomas derivados de células estaminais mesenquimais aceleram a regeneração do músculo esquelético. FEBS Lett. 589(11); 1257-65.

Ostrowski M., Carmo N.B., Krumeich S., Fanget I., Raposo G., Savina A., Moita C.F., Schauer K., Hume A.N., Freitas R.P., Goud B., Benaroch P., Hacohen N., Fukuda M., Desnos C., Seabra M.C., Darchen F., Amigorena S., Moita L.F., Thery C. (2010): Rab27a e Rab27b controlam diferentes passos da via de secreção exosoma. Nat Cell Biol. 12(1-13);19:30.

Palanisamy V., Sharma S., Deshpande A., Zhou H., Gimzewski J. e Wong D. T. (2010): Análise nanoestrutural e transcriptómica de exosomas derivados da saliva humana. PLoS ONE. 5(1), Artigo ID e8577.

Peired AJ, Sisti A e Romagnani P(2016): Terapia mesenquimal de células estaminais para doenças renais: Uma revisão das provas clínicas. Células estaminais

Internacional. (2016), Artigo ID 4798639.
http://dx.doi.org/10.1155/2016/479863

Pocsf alvi G., Stanly C., Vilasi A., Fiume I., Capass O. G., Turiak L., Buzas E. I. Vekey K. (2016): Espectrometria de massa de vesículas extracelulares. Espectrometria de massa Espectrómetro Rev. 35; 3-21.

Properzi F., Logozzi M. e Fais S. (2013): Exosomas: o futuro dos biomarcadores na medicina. *Biomarcadores Med.* 7(5); 769-778.

Qiu S., Duan X., Geng X., Xie J., Gao H. (2012): Actividades específicas dos antigénios das células T CD8+ na mucosa nasal de doentes alérgicos nasais. Asian Pac J Allergy Immunol. 30;107:13.

Rabinowits G., Gergel-Taylor C., Day J.M., Taylor D.D., Kloecker G.H. (2009): MicroRNAs exosomal: um marcador de diagnóstico para o cancro do pulmão. Clin. Cancro do pulmão. 10:42-46.

Rager T.M., Olson J.K., Zhou Y., Wang Y., Besner G.E. (2016): Exossomas segregados por células estaminais mesenquimais derivadas da medula óssea protegem o intestino da enterocolite necrosante experimental. J Pediatr Surg. 51(6); 942:7.

Ramachandran S., Palanisamy V. (2012): Transferência horizontal de RNA: exosomas como mediadores da comunicação intercelular. Wiley Interdiscip Rev RNA. 3; 286:293.

Raposo G. e Stoorvogel W. (2013): Vesículas extra-celulares: Exosomas, microvesículos e amigos. Journal of Cell Biology. 200 (4); 373:383.

Rashed H.M., Bayraktar E., Helal K.G., Abd-Ellah M.F., Amero P, Chavez-Reyes A e Rodriguez-Aguayo C (2017): Exosomas: de contentores a alvos terapêuticos promissores. International Journal of Molecular Sciences. 18; 538:549.

Runz S., Keller S., Rupp C., Stoeck A., Issa Y., Koensgen D., Mustea A., Sehouli J., Kristiansen G., Altevogt P. (2007): Exossomas obtidos de ascetas malignas de doentes com cancro dos ovários contêm CD24 e EpCAM. Gynecol Oncol. 107; 563:571.

Rupp A. K., Rupp C., Keller S., Brase J. C., Ehehalt R., Fogel M., Moldenhauer G., Marme F., Sultmann H., Altevogt P. (2011): Perda da expressão EpCAM nos exossomas séricos do cancro da mama: papel da clivagem proteolítica. Gynecol. Oncol.122; 437:446.

Saman S., Kim W., Raya M., Visnick Y., Miro S., Saman S., Jackson B., McKee A.C., Alvarez V.E., Lee N.C., Hall G.F. (2012): A tau associada ao exsoma é secretada e selectivamente fosforilada em modelos de tauopatia em. Líquido cerebrospinal na doença de Alzheimer precoce. JBiol Chem. 287; 3842:3849.

SattarN. (2012): Biomarcadores para Previsão , Patogénese ou Guia de farmacoterapia? Possibilidades passadas, presentes e futuras. Diabet Med. 29; 5:13.

Simons M., Raposo G. (2009): Exossomas - vectores vesiculares para comunicação intercelular. Curr Opinion Cell Biol. (4); 575:81.

Soung Y. H., Ford S., Zhang V. e Chung J. (2017): Exossomas no diagnóstico do cancro. O cancro. 9(1); 1:11.

Takeshita N., Hoshino I., Mori M., Akutsu Y., Hanari N., Yoneyama Y., Ikeda N.,

Isozaki Y., Maruyama T., Akanuma N. (2013): Perfil de expressão do microRNA do soro: miR-1246 como um novo diagnóstico e factor de prognóstico.

Biomarcadores para o carcinoma de células escamosas do esófago. Br. J. Câncer. 108; 644:652.

Tang M.K.S., Wong A.S.T. (2015): Exosomas: Biomarcadores e alvos emergentes para o cancro dos ovários. Cancer Lett. 367; 26:33.

Taylor DD e Gercel-Taylor C. (2008): Assinaturas MicroRNA de exossomas derivados de tumores como biomarcadores de diagnóstico do cancro dos ovários. Gynecol Oncol. 110(1):13-21.

Thakur B.K., Zhang H., Becker A., Matei I., Huang Y., Costa-Silva B., Zheng Y., Hoshino A. Brazier H., Xiang J. (2014): ADN de cadeia dupla em exossomas: um novo biomarcador para o diagnóstico do cancro. Res. celular 24;766:769.

Vallabhajosyula P., Korutla L., Habertheuer A., Yu M., Rostami S., Yuan C.X., Reddy S., Liu C., Korutla V., Koeberlein B., Trofe-Clark J., Rickels M.R., Naji A. (2017):Biomarcadores exossómicos específicos de tecidos para monitorização não invasiva da rejeição imunológica do tecido transplantado. J Clin Invest.127;1375:1391.

van Niel G., Porto-Carreiro I., Simoes S., Raposo G. (2006): Exosomas: um caminho comum para a função especializada. J. Biochem. 140;13:21.

Wang G., Dinkins M., He Q., Zhu G., Poirier C., Campbell A., Mayer-Proschel M., Bieberich E. (2012): Os astrocitos secretam exossomas pró-apoptóticos enriquecidos com ceramidas e a resposta à apoptose da próstata 4 (PAR-4): um possível mecanismo de indução da apoptose na doença de Alzheimer (AD). J Biol Chem.287; 21384:1395.

Xin H., Li Y., Cui Y., Yang J.J. , Zhang Z.G., Chopp M. (2013): A administração sistémica de exossomas derivados de células estromais mesenquimais promove a recuperação funcional e a plasticidade neurovascular após o AVC em ratos. J Cereb Blood Flow Metab. 33(11); 1711:5.

Yang H., Fu H., Xu W. e Zhang X. (2016): RNAs exosomal não codificadores: um promissor biomarcador do cancro. Clin Chem Lab Med. 1;54(12); 1871:1879.

Yu S., Liu C., Su K., Wang J., Liu Y., Zhang L., et al. (2007): Os exossomas tumorais inibem a diferenciação das células dendríticas da medula óssea. J Immunol.178; 6867:75.

Zech D., Rana S., Buchler M.W., Zoller M. (2016): Exossomas tumoral e leucócitos Zhang H, Xiang M, Meng D, Sun N, Chen S. Inibição de isquemia/reperfusão miocárdica por exossomas segregados de células estaminais mesenquimais. Células estaminais Int. artigo ID 4328362; 1:8.

Zhang X., Yuan X., Shi H., Wu L., Qian H. e Wenrong X. (2015): Exossomas no cancro: pequenas partículas, grandes jogadores. J Hematol Oncol. 8; 83.

Zhou W., Fong M.Y., Min Y., Somlo G., Liu L., Palomares M.R., et al. (2014): O miR-105 com cancro desorganiza as barreiras endoteliais vasculares e promove a metástase. Célula cancerígena, 25;501:15.

Zhu W., Huang L. Li Y. Zhang X. Gu J. , Yan Y. , Xu X. , Wang M. Qian H. , Xu W. (2012): Os exossomas de células estaminais mesenquimais derivadas de medula óssea humana promovem o crescimento de tumores in *vivo*. Cancer Lett. 315; 28:37.

Índice

Printed by Books on Demand GmbH, Norderstedt / Germany